Christoph Holzbaur

Erweiterung der Simulation um die formale Verifikation von Schaltungen mit analogen und gemischt analog-digitalen Eingangssignalen

Examicus Verlag

Bibliografische Information der Deutschen Nationalbibliothek:

Bibliografische Information der Deutschen Nationalbibliothek: Die Deutsche Bibliothek verzeichnet diese Publikation in der Deutschen Nationalbibliografie; detaillierte bibliografische Daten sind im Internet über http://dnb.d-nb.de/ abrufbar.

Druck und Bindung: Books on Demand GmbH, Norderstedt Germany
ISBN: 978-3-656-99776-4

http://www.examicus.de/e-book/186358/erweiterung-der-simulation-um-die-formale-verifikation-von-schaltungen

Examicus - Verlag für akademische Texte

Der Examicus Verlag mit Sitz in München hat sich auf die Veröffentlichung akademischer Texte spezialisiert.

Die Verlagswebseite www.examicus.de ist für Studenten, Hochschullehrer und andere Akademiker die ideale Plattform, ihre Fachtexte, Studienarbeiten, Abschlussarbeiten oder Dissertationen einem breiten Publikum zu präsentieren.

Studienarbeit

Erweiterung der Simulation um die formale Verifikation von Schaltungen mit analogen und gemischt analog/digitalen Eingangssignalen

Christoph Holzbaur

Matr. 959821

Technische Universität Darmstadt

24. Oktober 2006

Technische Universität Darmstadt

Fachgebiet Rechnersysteme

Inhaltsverzeichnis

Abbildungsverzeichnis

1 Motivation

In der digitalen Welt ist die Formale Verifikation von Schaltungen sehr verbreitet und wird mit Erfolg eingesetzt. Die Verifikation von nichtlinearen, analogen Schaltungen hingegen ist noch neu. In Schaltkreisen mit digitalen wie auch analogen Teilen entstehen im analogen Anteil ungefähr 50% der Fehler, die zu einer Neuimplementierung führen[4]. Daher ist es von großem Interesse den analogen Teil ebenfalls verifizieren zu können.

Dieser Text entstand im Zuge einer Studienarbeit im Bereich Rechnersysteme an der Technischen Universität in Darmstadt. Die Motivation dieser Arbeit ist es, einen bereits bestehenden Ansatz zur Verifikation von analogen Schaltungen unter Verwendung des Model-Checking-Verfahrens zu vervollständigen und effizienter zu gestalten. Dieser verwendete Ansatz von Scholz [5] und Ehrenfried [1] basiert auf der Arbeit von Hartong [2, 3].

Im Zuge der Arbeit wurde weiterhin untersucht, inwiefern sich der verwendete Ansatz um die Möglichkeit der Verifikation von analogen Schaltungen mit verschiedenen Arten von Eingangssignalen erweitern lässt.

2 Formale Verifikation analoger Schaltungen

Unter Formaler Verifikation (von lat. *veritas*, Wahrheit) wird der mathematisch logische Beweis verstanden, dass eine Implementierung alle in einer vorgegebenen Spezifikation geforderten Eigenschaften aufweist.

Ein bekanntes Verfahren der Formalen Verifikation ist das Model-Checking. Es dient zur Verifikation von Systemmodellen und ist im Bereich der Verifikation von digitalen Schaltungen sehr verbreitet. Die Systembeschreibung erfolgt hierbei durch einen endlichen Automaten, welcher aus Zuständen und Übergängen besteht.

Da eine analoge Schaltung mit kontinuierlichen Werten arbeitet und somit nicht durch Zustände und Übergänge beschrieben werden kann, muss man sich überlegen wie man einen solchen Schaltkreis so diskretisieren kann, dass eine Verifikation möglich ist.

Gesucht wird also einerseits eine sinnvolle Zusammenfassung der unendlichen Zahl von Zuständen eines Schaltkreises in eine begrenzte Anzahl von Meta-Zuständen, sowie eine Möglichkeit die Übergänge zwischen diesen Zuständen zu erzeugen.

Für die Ermittlung der Meta-Zustände ist es notwendig zu wissen, welche Eigenschaften eines analogen Schaltkreises überhaupt einen Zustand definieren. Abgesehen von den Eingangsspannungen und -strömen ist ein analoger Schaltkreis durch die Energie in seinen Energiespeichern eindeutig bestimmt. Diese Energiespeicher sind hierbei die Kondensatoren wie auch die Spulen. Die Energie einer Spule wird durch den Strom, der durch sie fließt und die Energie des Kondensators durch die an ihm anliegende Spannung gekennzeichnet.

Für jeden Energiespeicher und jedes Eingangssignal erhöht sich demnach die Dimension des Zustandsraums um eins. Der Zustandsraum eines RLC-Schaltkreises[1] mit der Eingangsspannung U_{Eingang} ist in Abbildung 2.1 dargestellt, wobei der Punkt Z einen beliebigen Zustand des RLC-Schaltkreises darstellt

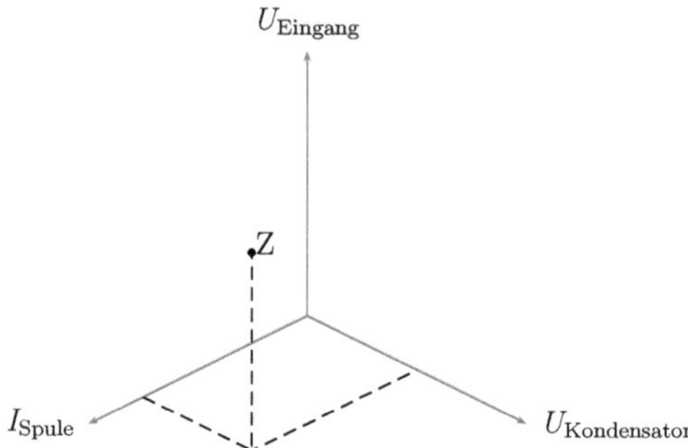

Abbildung 2.1: Zustandsraum für eine RLC-Schaltung mit Eingangsspannung

Dieser Zustandsraum besteht naturgemäß aus einer unendlichen Anzahl an möglichen Zuständen. Um diese Zustände zu einer begrenzten Anzahl an Meta-Zuständen zusammen zu fassen, müssen folgende Schritte durchgeführt werden:

- Begrenzung des unendlichen Zustandsraums auf endliche Werte.
- Einteilung des nun begrenzten Zustandsraums in mehrere zueinander disjunktive Meta-Zustände.

Die Begrenzung des Zustandsraums ist vergleichsweise einfach, da jedem Schaltkreis physikalische Grenzen gesetzt sind. Jeder Kondensator wie auch jede Spule haben ihre maximale Spannung bzw. ihren maximalen Strom. Diese Werte begrenzen den Zustandsraum.

Bei der Aufteilung des Raums in mehrere Meta-Zustände muss beachtet werden, dass keine Überschneidungen und keine Lücken zwischen diesen Zuständen entstehen. Bei einem n-dimensionalen Zustandsraum bietet es sich daher an, ihn mit n-dimensionalen Hyperboxen aufzufüllen. Eine solche Hyperbox im Zustandsraum

[1] Ein Widerstand, eine Spule und ein Kondensator

des RLC-Kreises aus Abbildung 2.1 ist in Abbildung 2.2 dargestellt. Ein Vorteil dieser Hyperboxen ist, dass jeder Meta-Zustand durch die Zuteilung einer Ober- und einer Untergrenze in jeder Dimension eindeutig gekennzeichnet wird. Die Untergrenze des Zustands S in Dimension d wird hier $Zustand[s].ug[d]$ und die Obergrenze $Zustand[s].ug[d]$ genannt.

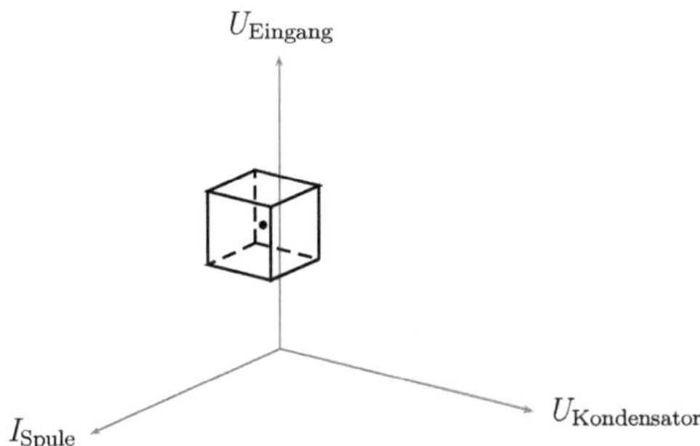

Abbildung 2.2: Meta-Zustand für eine RLC-Schaltung mit Eingangsspannung

Um den für die Verifikation mit Hilfe des Modell-Checkings notwendigen Zustandsautomaten zu erhalten, müssen als weiterer Schritt die Übergänge zwischen den neu erzeugten Meta-Zuständen ermittelt werden. Hierfür werden in jedem Meta-Zustand Testpunkte erzeugt, für die das Verhalten des Systems simuliert wird. Dieses Verhalten kann nun auf den jeweiligen Meta-Zustand hoch gerechnet werden.

3 Das bestehende Programm

Da diese Arbeit auf einem schon existierenden Programm aufbaut, welches die zuvor genannten Schritte durchführt, wird in diesem Kapitel zunächst erläutert, wie dieses Programm die einzelnen Schritte implementiert.

3.1 Initialaufteilung des Zustandsraums

Der erste Schritt des Programms ist die Aufteilung des Zustandsraums in gleich große Meta-Zustände. Dies wird erreicht, indem der Zustandsraum mittig in einer Dimension geteilt wird. Die entstehenden Zustände werden nun in einer der nächsten Dimensionen wiederum mittig geteilt. Dieser Vorgang wird so oft wiederholt, bis die gewünschte Anzahl an Zuständen erreicht ist. Durch dieses Vorgehen erhält man eine gleichmäßige Verteilung der Zustände wie sie in Abbildung 3.1 für den zweidimensionalen Fall gezeigt ist.

Je höher die Anzahl der Teilungen ist, desto homogener werden die Zustände bezüglich ihres Systemverhaltens. Da jedoch durch die oben beschriebene Methode auch Zustände geteilt werden, die schon homogen sind, versucht das Programm nach einer Initialaufteilung nur noch diejenigen Zustände zu teilen, die ein inhomogenes Verhalten aufweisen. Für diesen Zweck bestimmt das Programm Testvektoren und vergleicht diese miteinander.

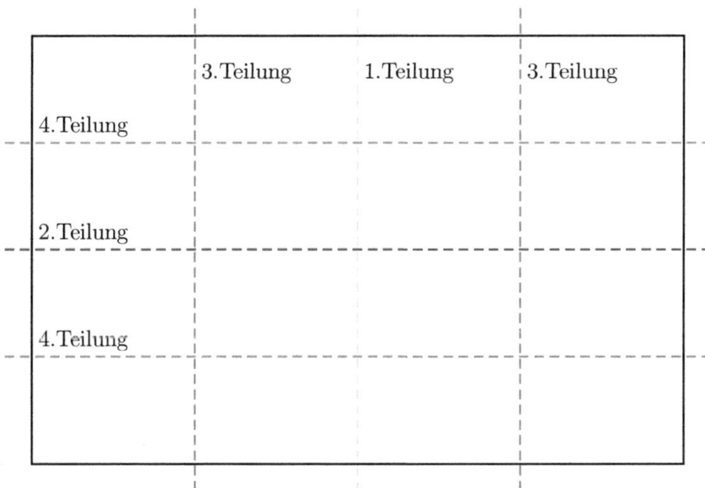

Abbildung 3.1: Zustandsaufteilung im zweidimensionalen Raum

3.2 Ermittlung der Testvektoren

Für die Ermittlung der Testvektoren berechnet das Programm auf der Hülle des Zustands zufällige Testpunkte.[1] Jeder dieser Punkte steht für eine bestimmte Situation der Energiespeicher. Man kann nun von jedem dieser Startpunkte aus simulieren, wie sich das System während eines kleinen Zeitintervalles dt verhalten würde. Wenn man den Testpunkt mit dem berechneten Zielwert verbindet, erhält man einen Testvektor, der das Verhalten der Schaltung in diesem Bereich beschreibt.

3.3 Weitere Aufteilung des Zustandsraums

Nach der erfolgten Initialaufteilung, soll ein Zustand nur noch dann geteilt werden, wenn der Zustand nicht homogen ist d.h. wenn die Testvektoren innerhalb des Zustands nicht zueinander ähnlich sind. Um den Grad der Homogenität eines Zustands zu bestimmen, vergleicht das Programm zwei verschiedene Eigenschaften der Testvektoren:

[1] Das Programm hat auch die Möglichkeit die Testpunkte zufällig im Zustand zu verteilen, jedoch stellte sich heraus, dass der Vergleich der Ränder ausreichend ist.

- Den Betrag der Vektoren
- Die Richtung der Vektoren.

Hierbei werden zwei Kriterien unterschieden:

1. Das Verhältnis $\frac{\text{längster Vektor im Zustand}}{\text{kürzester Vektor im Zustand}}$
2. Das Maximum der Winkel zwischen zwei Vektoren innerhalb eines Zustands.

Wenn einer dieser Kriterien eine festgelegte Obergrenze überschreitet, teilt das Programm den entsprechenden Zustand auf. Diese Teilung erfolgt grundsätzlich in Richtung der Dimension, in der der Zustand in Relation zum Zustandsraum am größten ist.

In Bereichen, in denen sich das System schnell ändert, kann diese Methode zu einer sehr großen Anzahl an Zuständen führen. Für diesen Fall wird eine minimale Zustandsgröße definiert, unter der ein Zustand nicht weiter aufgeteilt wird. Abbildung 3.2 zeigt einen vollständig geteilten Zustandsraum mit den zugehörigen Testvektoren. Die grün gezeichneten Zustände haben ihre untere Grenze erreicht und wurden nicht weiter geteilt.

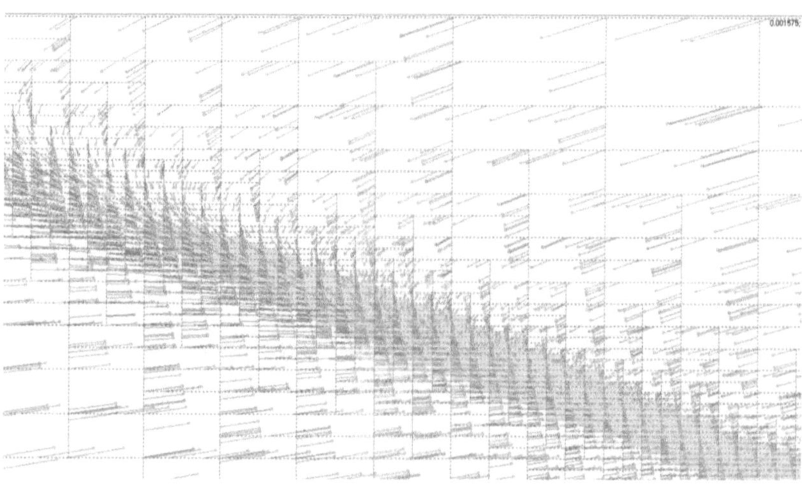

Abbildung 3.2: Aufgeteilter Zustandsraum

3.4 Übergänge berechnen

Die erzeugten Zustände sind die erforderlichen Zustände des Zustandsautomaten. Jetzt müssen für die Verifikation noch die Übergänge zwischen den einzelnen Zuständen berechnet werden.

Ein Übergang ist die Möglichkeit von einem Zustand in einen anderen zu gelangen. In dem aufgeteilten Zustandsraum der analogen Schaltung ist dies gegeben, wenn einer der Testvektoren aus einem Zustand in einen anderen zeigt. Hierbei errechnet sich die Wahrscheinlichkeit für den Übergang von Zustand S_0 nach Zustand S_1 als

$$\frac{\text{Anzahl der Vektoren die von } S_0 \text{ nach } S_1 \text{ zeigen}}{\text{Gesamtzahl der Vektoren die von Zustand } S_0 \text{ starten}}.$$

Da die Gesamtzahl der Vektoren die von Zustand S_0 starten in jedem Zustand dieselbe ist, kann man die Wahrscheinlichkeit auch nur durch die Zahl der Vektoren, die von S_0 nach S_1 zeigen definieren. Abbildung 3.3 zeigt die von dem Programm erzeugten Zustände und Übergänge. Der zu diesem Ausschnitt gehörende Zustandsautomat sieht man in Abbildung 3.4.

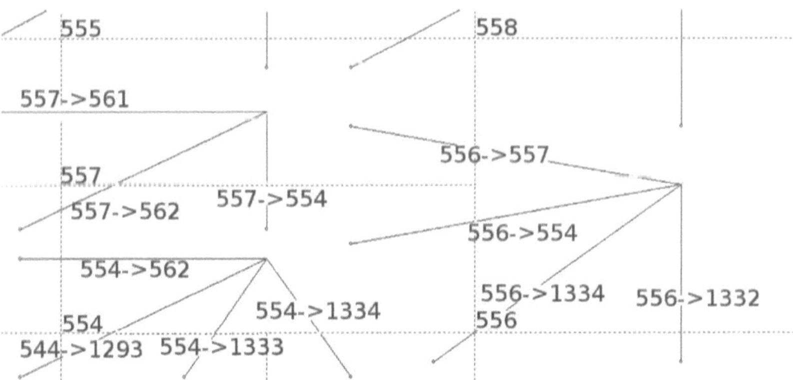

Abbildung 3.3: Graphische Ausgabe der Übergänge

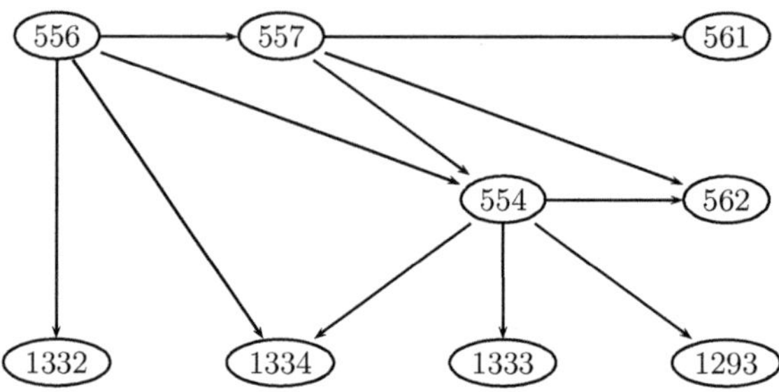

Abbildung 3.4: Teil des zu Abbildung 3.3 gehörenden Zustandsautomaten

3.5 Die Ausgabe

Das Programm hat zwei Ausgabeformen:

- Der Zustandsautomat in Form einer VHDL-Datei zur späteren Verifizierung
- Eine graphische Ausgabe zum Verdeutlichen der Funktion des Programms und zum Debuggen.

Die graphische Ausgabe des Programms ist grundsätzlich zweidimensional. Eine dritte Dimension wird dadurch simuliert, dass die zweidimensionale Ausgabe für verschiedene Werte in der dritten Dimension übereinander gelegt werden. Dies vermittelt den Eindruck, dass die dritte Dimension auf den Betrachter zeigen würde (siehe Abbildung 3.5).

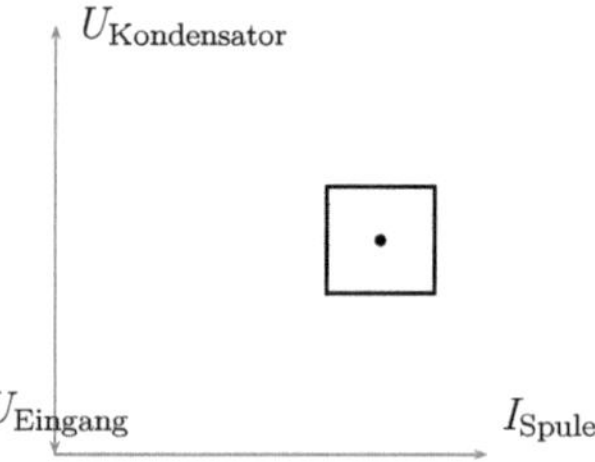

Abbildung 3.5: Zustandsraum einer RLC-Schaltung mit Eingangsspannung

Diese Ausgabe ist nicht übersichtlich, da sich viele Übergänge und Vektoren überlappen. Daher beschränken sich die folgenden Beispiele meist auf je zwei Energiespeicher und eine konstante Eingangsspannung.

4 Erweiterungen des Programms

Bevor das bestehende Programm weiter verwendet werden konnte, musste es in einigen Teilen verbessert und erweitert werden. Das Programm war besonders bei Schwingkreisen nicht in der Lage das physikalische Verhalten der zugrunde liegenden Schaltung korrekt wiederzugeben. In den nächsten Kapiteln wird auf die einzelnen Probleme eingegangen und erläutert, wie diese behoben wurden.

4.1 Dynamische Anpassung der Zeit

Für die Berechnung der Vektoren wird in dem Programm eine Zeit dt bestimmt, mit welcher der Übergang vom Startpunkt zum Zielpunkt des Vektors simuliert wird. Einen einheitlichen Wert dt zu finden, der in jedem Zustand des Systems sinnvoll ist, ist jedoch nicht möglich. In Bereichen, in denen sich das System nur langsam ändert, ist ein großes dt notwendig und in Bereichen, in denen sich das System schnell ändert, ein kleines dt.

Dieses Problem zeigte sich besonders darin, dass das Programm Übergänge zwischen Zuständen berechnete, die nicht aneinander grenzen. Übertragen würde dies bedeuten, dass ein Kondensator z.B. von „ein Volt“ auf „drei Volt“ kommen könnte ohne dazwischen den Wert „zwei Volt“ zu erreichen. Dieses Verhalten ist in Abbildung 4.1 zu erkennen.

Um die Zeit dt für die Testvektoren eines Zustands dynamisch anzupassen, gibt es zwei denkbare einfache Ansätze:

1. Man wählt generell ein kleines Standard-dt und versucht zu erkennen, für welche Zustände es vergrößert werden sollte.

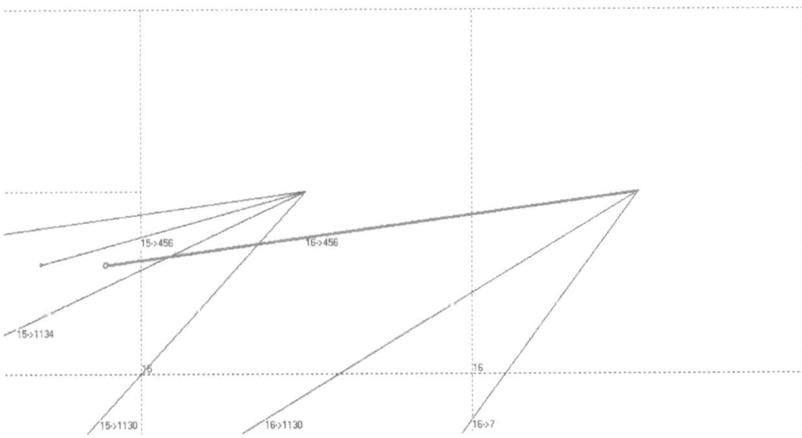

Abbildung 4.1: Übersprungener Zustand

2. Man wählt ein großes Standard-dt und versucht zu erkennen, wann Zustände übersprungen werden. In diesen Fällen verkleinert man die Zeit dt für den entsprechenden Startzustand.

Da es bei der ersten Methode möglich ist, die Zeit dt unter Umständen so groß werden zu lassen, dass wiederum ein Zustand übersprungen wird, müsste man hierbei ebenfalls die Überprüfung nach Zustandübersprüngen folgen lassen. Da in beiden Fällen nach übersprungenen Zuständen getestet werden müsste, wurde nur die zweite Methode implementiert.

4.1.1 Erkennung von übersprungenen Zuständen

Da das Überspringen eines Zustands physikalisch unkorrekt ist, wurde während der Berechnung der Zustandsübergänge getestet, ob die erreichten Zustände Nachbarn des Ausgangszustands sind. Für diese Untersuchung muss man sich überlegen, wie man zwei Zustände im n-dimensionalen Raum danach untersuchen kann, ob sie aneinander grenzen.

Für diese Überlegung wurde jede Dimension einzeln betrachtet. Die Zustände S_0 und S_1 in Abbildung 4.2 grenzen bezüglich Dimension d aneinander, wenn die grün markierten Bereiche positiv sind. Es müssen also für die Zustände S_0 und S_1 bezüglich der Dimension d folgende Gleichungen gelten:

$$\text{Zustand}[S1].\text{og}[d] - \text{Zustand}[S0].\text{ug}[d] \geq 0$$
$$\text{Zustand}[S0].\text{og}[d] - \text{Zustand}[S1].\text{ug}[d] \geq 0.$$

Wenn man diese Untersuchung für alle Dimensionen d durchführt und diese Bedingung für alle Dimensionen gültig ist, sind S_0 und S_1 Nachbarn. Hierbei wird zwar zugelassen, dass sich die Zustände überlappen, da dies aber aufgrund der Art der Erzeugung der Zustände nicht möglich ist, kann man dies vernachlässigen.

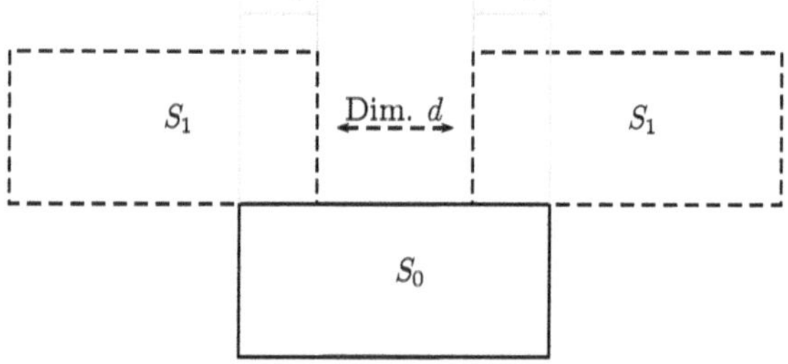

Abbildung 4.2: Testen auf Nachbarschaft

4.1.2 Das Verhalten wenn ein Zustand übersprungen wurde

Um zu verstehen, wie sich das Programm verhält, wenn es einen übersprungenen Zustand erkannt hat, ist es notwendig zu wissen wie das bestehende Programm einen Zustandsübergang berechnet.

Der entsprechende Programmteil besteht aus drei ineinander verschachtelten Schleifen: Für jeden Zustand S_0 wird jeder Testpunkten Tp betrachtet. Die dritte Schleife durchsucht wieder alle Zustände S_1 und testet, ob der Vektor der von Tp aus startet in S_1 landet. Ist dies der Fall, wird dieser Übergang als erreicht markiert.

Der neu hinzugefügte Programmteil greift vor dieser Markierung ein und testet ob S_0 und S_1 Nachbarn sind. Falls dies der Fall ist läuft das Programm normal weiter, ansonsten werden folgende Schritte durchlaufen:

1. Dem Zustand S_0 wird die neue Zeit $dt = 0.9 * dt$ zugeordnet.
2. Für den Zustand S_0 werden alle Vektoren neu erzeugt.
3. Die innersten zwei Schleifen für TP und S_1 werden abgebrochen und der Startzustand S_0 wird nochmal komplett neu untersucht.

Durch dieses Vorgehen wird dt schrittweise so lange verkleinert, bis keine Zustandsübersprünge mehr auftreten. Somit wird jedem Zustand ein eigenes dt zugeordnet, welches der Situation des Zustands entspricht.

4.1.3 Ungültige Vektoren

Bei der Implementierung der oben genannten Lösung wurde noch ein weiteres Problem ersichtlich. Die Überprüfung nach Zustandsübersprüngen sorgt zwar dafür, dass die Zeit dt dynamisch verkleinert wird, wenn ein Zustand übersprungen wurde jedoch erkennt sie nicht, wenn ein Vektor aufgrund eines zu großen dt aus dem Zustandsraum heraus zeigt.

Bei vielen der Zustände, in denen dies passierte, konnte man sehen, dass ein kleineres dt zu einem regulären Übergang führen würde, da die Zustände nicht am Rand lagen. Bei solchen Zuständen muss dt ebenfalls verringert werden.

Ein weiteres Problem war, dass Vektoren mit identischem Start- und Endpunkt zu Divisionen durch Null führten. Diese Vektoren brachten das Programm an verschiedenen Stellen zum Abbruch.

Es wurde notwendig solche „ungültigen" Testpunkte zu finden und entsprechend zu behandeln. Für diese Aufgabe wurde eine neue Variable eingeführt, die jeden Testpunkt als einen der folgenden drei Fälle markieren konnte:

Gültig Diese Vektoren sind weder Nullvektoren noch zeigen sie nach draußen

Ungültig Diese Vektoren müssen nochmal näher untersucht und verbessert werden

Müll Diese Vektoren sind nicht zu verbessern und werden in den folgenden Rechnungen nicht beachtet.

Während der Testpunktberechnung wurde ein Test hinzugefügt, der jeden Vektor daraufhin prüft, ob er ein Nullvektor ist. Wenn dem so ist, wird bis zu zehn mal ein neuer Testpunkt generiert und geprüft. Dies basiert auf der Annahme, dass es unwahrscheinlich ist, dass es im gesamten Zustand viele Startpunkte gibt, die einen Nullvektor erzeugen. Wenn dennoch ein Vektor nach zehnmaligem Neuplatzieren ein Nullvektor bleibt, wird er als ungültig markiert.

Gleichzeitig werden alle Vektoren, deren Ziel außerhalb des Zustandsraums liegen, ebenfalls als ungültig markiert. Für diese Vektoren wird jedoch keine Neuplatzierung versucht, da wahrscheinlich ein zu großes dt die Ursache des Problems ist und nicht der Startwert des Testpunktes.

Nachdem alle Zustände und deren Vektoren berechnet und entsprechend markiert wurden, werden alle Zustände danach durchsucht, ob sie einen ungültigen Vektor haben. In diesem Fall wird durch Verkleinerung von dt und Neuberechnung der Vektoren versucht, die Vektoren gültig zu bekommen. Wird das Ziel nach zwanzig Versuchen mit jeweils verkleinertem dt nicht erreicht, werden alle verbleibenden ungültigen Vektoren als „Müll“ markiert. Bei dieser Prozedur wird außerdem jeder Vektor, der durch das verkleinerte dt zu einem Selbstverweis führen würde, ebenfalls als „Müll“ markiert, da dies sonst an Randzuständen zu vielen ungerechtfertigten Selbstverweisen führen würde.[1]

4.2 Auffinden von ungerechtfertigten Selbstverweisen

Als Selbstverweis wird ein Zustandsübergang verstanden, der wieder im Startzustand endet. Physikalisch gesehen können Selbstverweise auftreten, wenn sich das System von einem Zustand aus nicht mehr oder nur noch wenig verändert.

[1]Zur Erläuterung von „ungerechtfertigten Selbstverweisen“ siehe Kapitel 4.2

Das Programm errechnete aber in fast in jedem Zustand einen Selbstverweis. Der Grund hierfür lag an der Verteilung der Vektoren. Die blauen Vektoren in Abbildung 4.3 enden z.B. in dem Zustand S_0, obwohl sie nicht einen Zustand beschreiben, in dem sich das System nicht verändert. Diese Vektoren führen zu einem nicht gerechtfertigten Selbstverweis.

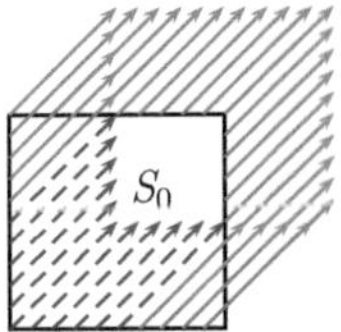

Abbildung 4.3: Ungerechtfertigte Selbstverweise

Um zu testen ob ein Vektor, der in seinem eigenen Startzustand endet auf einen gerechtfertigten Selbstverweis hindeutet, kann man folgende Annahme treffen: Wenn man den betreffenden Vektor stark verlängert und er immer noch im eigenen Startzustand endet, weist dieser Vektor tatsächlich auf einen real existierenden Selbstverweis hin.

Um diese Aufgabe zu erfüllen, wurde dem Programm eine Funktion hinzugefügt, welche nach der Erzeugung der Zustände, für jeden Zustand und jeden seiner Test punkte ausgeführt wird. Außerdem wird die Funktion neu aufgerufen, wenn aufgrund einer Änderung der Zeit dt für einen Zustand, dieser neu berechnet werden musste.

Die neue Funktion überprüft, ob ein Testpunkt in seinem Startzustand endet. Wenn das der Fall ist, wird wie oben beschrieben getestet ob dieser Selbstverweis gerechtfertigt ist. Ist er es nicht, wird der Testpunkt verworfen und durch einen neuen ersetzt, der wieder neu überprüft wird. Kann nach zehnmaligem Erneuern des Punktes immer noch kein „gültiger“ Testpunkt gefunden werden, wird angenommen, das der Selbstverweis doch gerechtfertigt ist (siehe Abbildung 4.4).

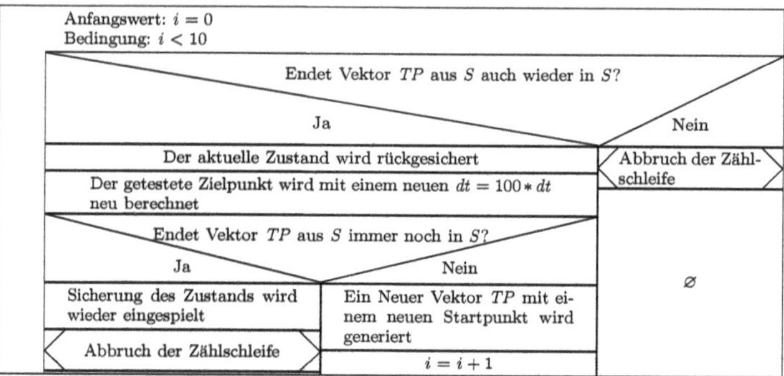

Abbildung 4.4: Testen auf reguläre Selbstverweise

4.3 Berechnen der Übergangszeit

Um eine aussagekräftige Verifikation zu erhalten, ist es notwendig, den einzelnen Zustandsübergängen die Zeit zuzuordnen, die dieser Übergang braucht.

Um dies zu erreichen wird in jedem Zustand die durchschnittliche Länge aller Vektoren berechnet. Für jeden Übergang kann man nun die Abstände der Mittelpunkte der Zustände ins Verhältnis zu der durchschnittlichen Vektorlänge setzen. Da bekannt ist, dass die Längen der Vektoren für die Zeit dt im Ausgangszustand stehen, kann man durch folgende Rechnung die Übergangszeit annähern:

$$\text{Übergangszeit} = \frac{\text{Mittelpunktsabstand}}{\text{Durchschnittliche Vektorlänge}} * dt$$

Abbildung 4.5 zeigt die Übergänge des Schaltkreises aus Abbildung 4.6. In der horizontalen Achse ist die Spannung des Kondensator C_1 und in der vertikalen Achse die des Kondensators C_2 abgetragen. In diesem Bild stehen grün gekennzeichnete Übergänge für eine kurze Zeitspanne und violett gekennzeichnete Übergänge für eine lange Zeitspanne, welche für den entsprechenden Übergang benötigt wurde. Der von PSpice simulierte Verlauf der Kondensatorspannungen für entladene Kondensatoren und einem konstanten Eingansstrom wird in Abbildung 4.7 gezeigt. Wenn man Abbildung 4.5 und 4.7 vergleicht, erkennt man in beiden, dass je weiter

man von dem letztendlich erreichten Zustand entfernt ist, sich das System schneller verändert.

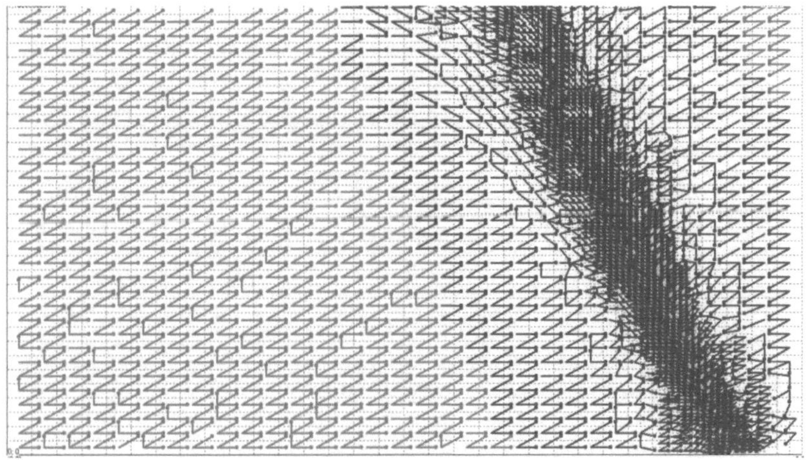

Abbildung 4.5: Geschwindigkeiten der Übergänge

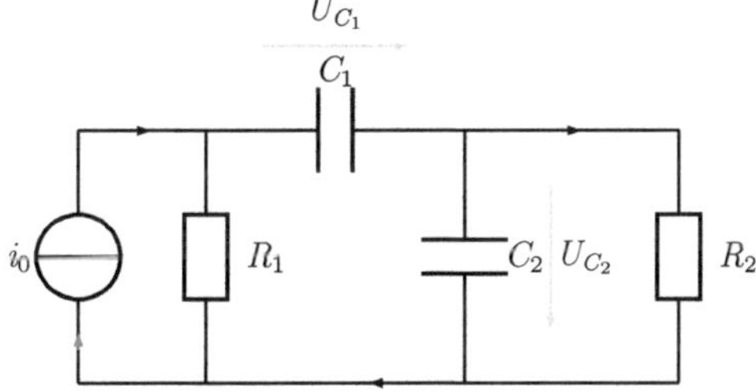

Abbildung 4.6: Schaltkreis mit zwei Kondensatoren

4.4 Weitere Zustandsaufteilungen

Mit den bisherigen Zustandsaufteilungen wird dafür gesorgt, dass die Zustände in sich homogen sind. Damit ist gemeint, dass die Vektoren, die von diesem Zu-

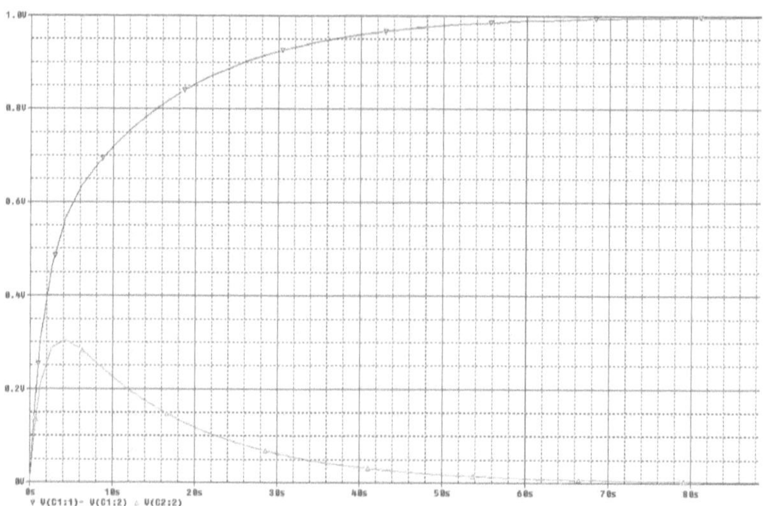

Abbildung 4.7: PSpice-Simulation der Schaltung

stand ausgehen bezüglich ihres Winkels und ihrer Länge ähnlich sind. Durch diese Aufteilung wird aber das Verhalten des Systems an sich nicht betrachtet.

Bei einer kleinen Anzahl von Initialzuständen, konnte es zu sehr großen Zuständen kommen, die in sich zwar homogen waren, aber keine gute Auflösung des Systemverhaltens lieferten. Um eine bessere Auflösung zu erreichen musste die Anzahl an Initialzuständen erhöht werden. Eine Anhebung der Initialzustände bedeutet aber unweigerlich, dass Zustände erzeugt werden, die keine weiteren Informationen liefern. Somit wurden Zustände geteilt, die in Bereichen lagen, die bereits zuvor das Systemverhalten ausreichend gut wiedergegeben haben. Es wurden also weitere Möglichkeiten der Zustandsaufteilung gesucht, die auch bei einer kleinen Zahl von Initialzuständen zu einer brauchbaren Aufteilung führen.

Bei der Betrachtung der Ausgabe des Programms fallen zwei Eigenschaften auf, die in den nächsten Kapiteln näher erläutert werden. Jede dieser Eigenschaften führte zu einer der zwei neuen Zustandsaufteilungen:

- Dem Zustand-Vektorwinkel-Vergleich und
- dem Zustand-Vektorlängen-Vergleich.

4.4.1 Der Zustand-Vektorwinkel-Vergleich

In einigen Zuständen zeigten die Übergänge mit der maximalen Wahrscheinlichkeit nicht in die gleiche Richtung wie die Testvektoren. In Abbildung 4.8 wurde am Ende der Übergänge die entsprechenden Wahrscheinlichkeit eingetragen.[2] Man kann erkennen, dass obwohl die Testvektoren eine positive Steigung haben die meisten von ihnen immer im rechts gelegenen Zustand enden. Dadurch wird eine „Aufwärtsbewegung" der Übergänge praktisch verhindert.

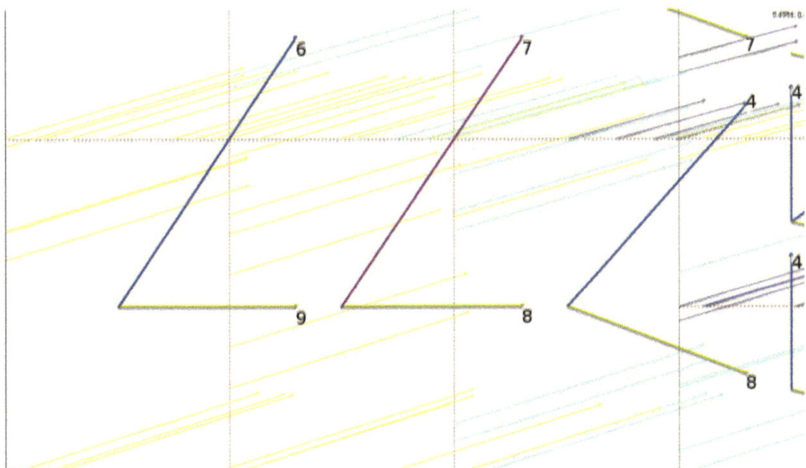

Abbildung 4.8: Problem bei der Zustandsaufteilung

Dieser Effekt tritt ein, wenn die Abmessungen der Zustände im Vergleich zu den Winkeln der Vektoren zu groß ist. Im Beispiel aus Abbildung 4.8 würden sozusagen flachere Zustände zu einem brauchbareren Ergebnis führen.

Optimal wäre es die Abmessungen der Zustände mit den Winkeln der eintreffenden Vektoren zu vergleichen. Dieser Vergleich würde jedoch zu einem erheblichen Mehraufwand an Rechenzeit und Speicher führen, da für jeden Zustand berechnet werden müsste aus welchen Zuständen Vektoren eintreffen. Da die Winkel der eigenen Testvektoren aufgrund der Stetigkeit des Systems denen der Vorgängerzuständen

[2] Zu sehen ist die Anzahl an Vektoren, welche in dem Zielzustand enden. Die echte Wahrscheinlichkeit erhält man hier durch die Division durch 15, da 15 Testpunkte generiert wurden.

ähnlich sind, ist der Vergleich der Abmessungen des Zustands mit den eigenen Vektoren eine gute Näherung.

Für diesen Zweck wurde ein neuer Programmteil hinzugefügt, welcher testet, ob die Abmessungen des Zustands nicht mehr als um einen vom Benutzer festgelegten Faktor von dem durchschnittlichen Winkel der Vektoren abweicht. Dieser Test wird für jede mögliche Kombination von zwei der n Dimensionen einzeln durchgeführt (siehe Abbildung 4.9). Der Zustand wird bei einer Verletzung der Bedingung in der Dimension geteilt, in der die größte Verletzung auftritt (vgl. Abbildung 4.10). Durch diese Teilung entstehen Zustände, welche das Systemverhalten besser wiedergeben können.

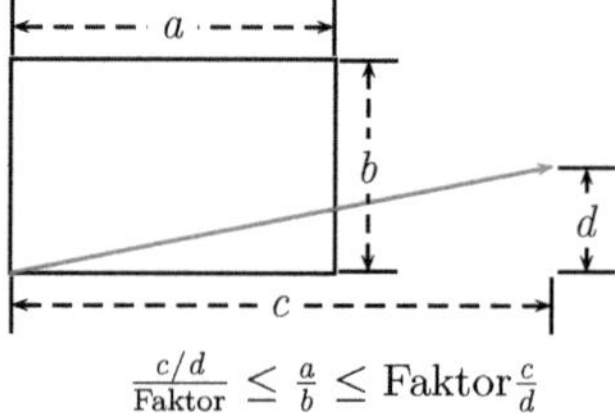

$$\frac{c/d}{\text{Faktor}} \leq \frac{a}{b} \leq \text{Faktor}\frac{c}{d}$$

Abbildung 4.9: Zustand-Vektorwinkel-Vergleich

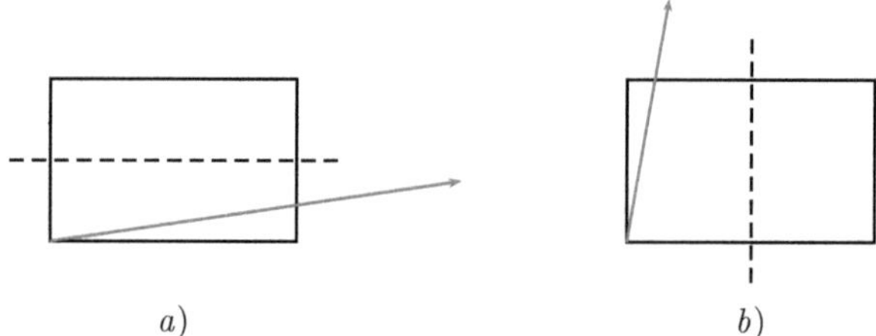

Abbildung 4.10: Teilung beim Zustand-Vektorwinkel-Vergleich
In Bild a) wird horizontal geteilt und in Bild b) vertikal.

4.4.2 Der Zustand-Vektorlängen-Vergleich

Ein weiteres Problem entsteht, wenn die Zustände von den Abmessungen zwar zu den Winkeln der Vektoren passen, aber nicht zu deren Längen. Abbildung 4.11 zeigt einen Zustand der weit größer ist als die zugehörigen Vektoren. Man erkennt, dass die Ziele der Vektoren in diesem Beispiel wenig von der Eigenschaft des Systems abhängen. Vielmehr ist in diesen Fällen das Ziel des Vektors vom Startpunkt und somit vom Zufall abhängig.

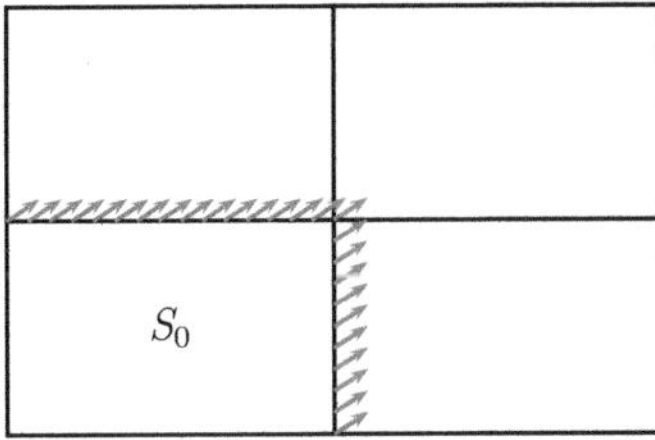

Abbildung 4.11: Zustand-Vektorlängen-Vergleich

Um dies zu vermeiden erhielt das Programm eine neue Überprüfung, die für jede Dimension einzeln die mittlere Vektorlänge mit der Abmessung des Zustands vergleicht. Ein Zustand wird dann geteilt, wenn das Verhältnis dieser beiden Abmessungen einen vom Benutzer fetgelegten Faktor überschreitet. Der Benutzer kann wählen, in welcher Dimension der Zustand bei einer Verletzung der Bedingung geteilt werden soll. Hierfür stehen ihm zwei Möglichkeiten zur Auswahl:

- In Richtung der größten Verletzung der Bedingung.
- In Richtung der größten Ausdehnung des Zustands im Verhältnis zum Zustandsraum.

4.4.3 Problem mit dem Zustand-Vektorlängen-Vergleich

Der Zustand-Vektorlängen-Vergleich wird durchgeführt bevor die Berechnung der Zustandsübergänge erfolgt. Bei der Auswahl eines großen Start-*dt* bewirkt der Zustand-Vektorlängen-Vergleich keine Änderungen, da kein Vektor kurz genug ist um eine Teilung des Zustands zu veranlassen.

Wenn aber einem relativ großen Zustand ein kleinerer Zustand folgt, kann es beim Test auf übersprungene Zustände zu einer Änderung des Zeitfaktors *dt* innerhalb eines Zustands kommen (siehe Kapitel 4.1). Somit können im Nachhinein wieder zu kurze Vektoren entstehen (siehe Abbildung 4.12). Diesem Problem kann man entgegenwirken, indem man versucht von Anfang an ein vernünftiges Start-*dt* zu wählen.

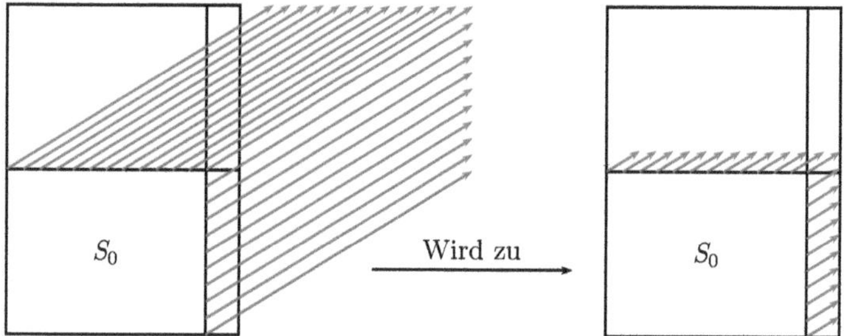

Abbildung 4.12: Problem mit dem Zustand-Vektorlängen-Vergleich

Um zu testen wie häufig diese Situation auftritt wurde in dem Programm eine Fehlermeldung implementiert, welche das Auftreten des Problems erkennt und darauf hinweist. In den bisherigen Versuchen konnte man jedoch durch die Wahl eines geeigneten *dt* dieses Problem umgehen. Um nicht unnötig Ressourcen zu beanspruchen wurde daher keine Lösung für das Problems implementiert.

Für den Fall, dass bei späteren Beispielen kein geeignetes *dt* gefunden werden kann, zeigt Abbildung 4.13 eine Möglichkeit wie das geschilderte Problem zu lösen wäre. Hierfür wird der Zustand-Vektorlängen-Vergleich bei Bedarf ein weiteres mal aufgerufen.

4.4.4 Ergebnis der neuen Zustandsaufteilungen

Mit den neuen Zustandsaufteilungen ist es nun möglich ohne die Berechnung von Initialzuständen zu einer guten Auflösung des Systemverhaltens zu kommen. Als Beispiele kann man Abbildung 4.14 und 4.15 miteinander vergleichen, welche beide die Zustandsaufteilung für den Schaltkreis aus Abbildung 4.6 zeigen.

In Abbildung 4.14 wurden nur die alten Zusandsaufteilungen verwendet, welche lediglich die Homogenität der Zustände prüften. Um eine gute Wiedergabe des

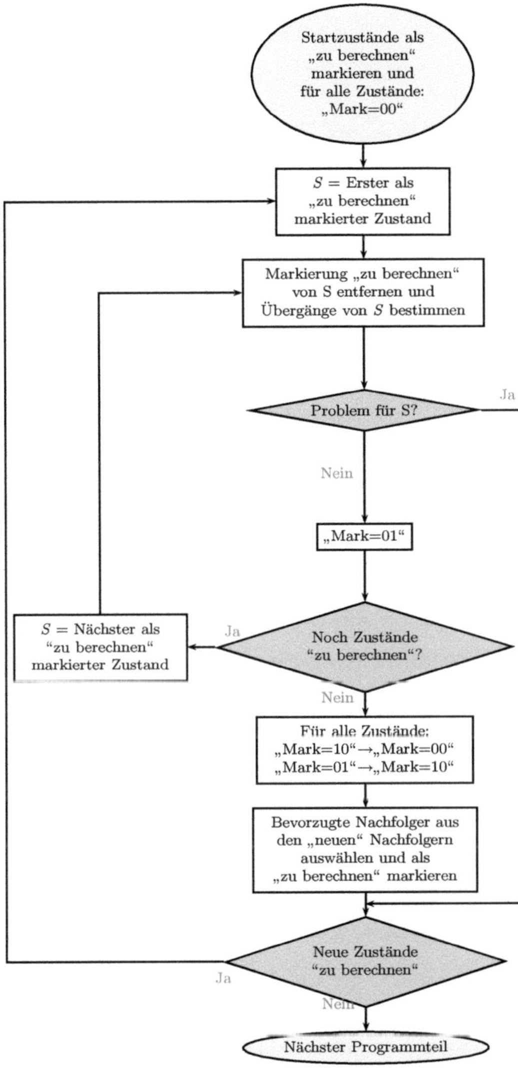

Startzustände als „zu berechnen" markieren und für alle Zustände: „Mark=00"

S = Erster als „zu berechnen" markierter Zustand

Markierung „zu berechnen" von S entfernen und Übergänge von S bestimmen

Problem für S?

Ja

Verwerfen: Übergänge aus Zuständen mit „Mark==10" ODER „Mark==01"

Aufteilen des Zustands S und der neu entstehenden Zustände

Alle Zustände mit „Mark=10" als „zu berechnen" markieren

„Mark=01"→„Mark=00"

Nein

„Mark=01"

Noch Zustände "zu berechnen"?

Ja

S = Nächster als "zu berechnen" markierter Zustand

Nein

Für alle Zustände: „Mark=10"→„Mark=00" „Mark=01"→„Mark=10"

Bevorzugte Nachfolger aus den „neuen" Nachfolgern auswählen und als „zu berechnen" markieren

Neue Zustände "zu berechnen"

Ja

Nein

Nächster Programmteil

Abbildung 4.13: Flussdiagramm für die Lösung des Problems

Systemverhaltens zu erreichen wurden 2^{10} Initialzustände erzeugt. Das Programm berechnete hierbei eine gesamte Zustandszahl von 2651 Zuständen und brauchte für die komplette Berechnung (incl. Testvektoren und Übergänge) 6.328 Sekunden.

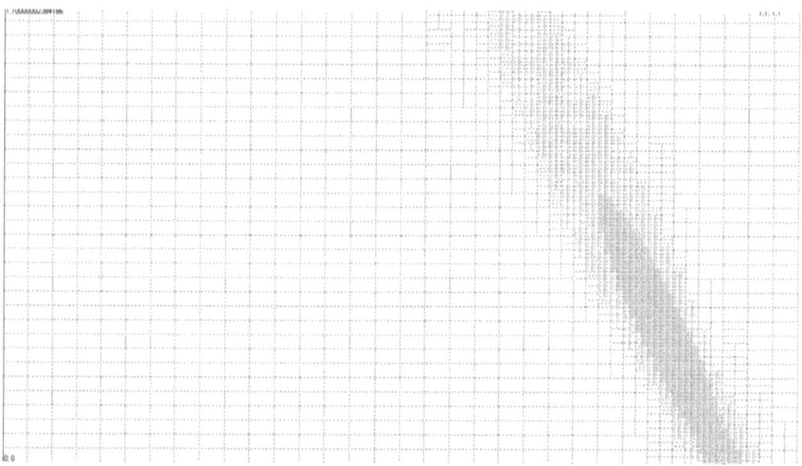

Abbildung 4.14: Alte Zustandsaufteilung

Im Gegensatz dazu wurden für die Berechnung der Zustandsaufteilung aus Abbildung 4.15 auch die neuen Zustandsaufteilungen verwendet. Es wurden keine Initialzustände benötigt, dennoch entstanden mit 2694 Zuständen eine ähnliche Anzahl wie zuvor. Zudem benötigte das Programm trotz der neuen Tests eine vergleichbare komplette Berechnungszeit von 5.782 Sekunden.

Dass die neue Aufteilung sinnvoll ist, erkennt man am Vergleich mit Abbildung 4.5 auf Seite 17. Sie zeigt in welchen Bereichen des Zustandsraumes sich das System schnell und in welchen Bereichen langsam verändert. Um eine gute Zustandsverteilung zu erreichen, sollten in Bereichen in denen das System innerhalb kurzer Zeit große Veränderungen aufweist größere Zustände erzeugt werden als in den anderen Bereichen. Man sieht, dass dies mit den neuen Zustandsaufteilungen weit besser gelöst wurde, da das Verhalten des Systems beachtet wurde. Die so gesparten Zustände wurden dort verwendet, wo sie für eine gute Auflösung gebraucht wurden. Trotz des erhöhten Berechnungsaufwandes für die Zustandsaufeilung stieg die gesamte Berechnungszeit nicht an.

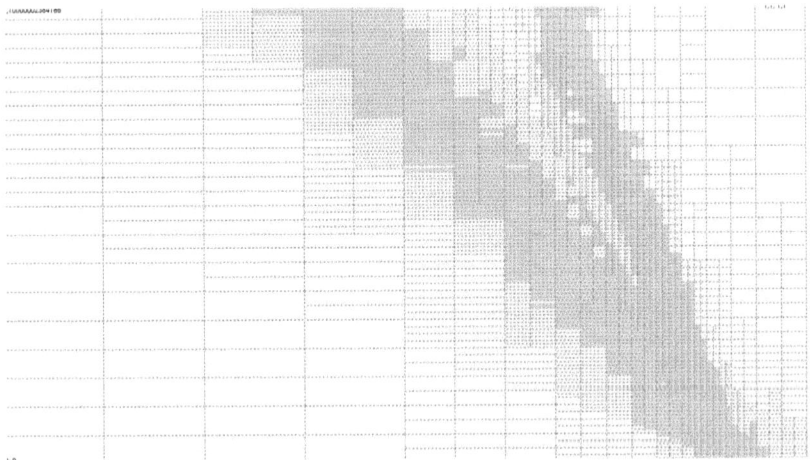

Abbildung 4.15: Neue Zustandsaufteilung

5 Das Komplexitätsproblem

Als großes Problem stellte sich heraus, dass speziell für mehr als zwei Dimensionen eine große Anzahl an Zuständen erzeugt wurden. Dies wirkt sich besonders negativ auf den von dem Programm generierten Zustandsautomaten aus. Eine große Anzahl an Zuständen führt bei der Verifikation zu einem starken Anstieg der Verifikationszeit. In einigen Fällen wird die Verifikation mit den gegebenen Mitteln sogar unmöglich.

Eine Möglichkeit dies zu verbessern ist es, Zustände zu finden die nur mit einer so geringen Wahrscheinlichkeit erreicht werden, dass man sie nicht beachten muss. Diese Zustände müssen nicht in den Zustandsautomaten übernommen werden. Dadurch würde sich die Komplexität stark verringern, da auch die Nachfolger der weggelassenen Zustände nicht mehr beachtet werden müssten.

Dieses Vorgehen teilt sich in folgende Schritte auf:

1. Berechnen aller Zustände und Übergänge mit dem C++-Programm
2. Auswahl eines Startpunktes im Zustandsraum
3. Auswahl der bevorzugten Nachfolger aus der Menge der Nachfolger und verwerfen der restlichen Übergänge.

Da der erste Schritt durch das Programm bereits abgedeckt wird und der zweite Schritt mit einer einfachen Schleife verwirklicht wurde, beziehen sich die folgenden Kapitel auf die Implementierung des letzten Punktes.

Für die Auswahl des bevorzugten Nachfolgers wurde im Verlauf der Arbeit die Methode, nach der aus der Menge der Nachfolger der beste ausgesucht wird, immer weiter verfeinert. Um den Gedankengang zu verdeutlichen wird in den nächsten Kapiteln immer eine neue Idee und ihre dazugehörigen Probleme beschrieben.

5.1 Angabe einer Grenzwahrscheinlichkeit

Idee

Nur die Übergänge mit den höchsten Wahrscheinlichkeiten sollen ausgewählt werden. Hierfür wird eine Grenzwahrscheinlichkeit definiert, unter der ein Übergang nicht weiter verfolgt wird.

Problem

Diese Methode funktioniert bereits gut, aber wenn ein Zustand viele Nachfolger hat, sinken die Wahrscheinlichkeiten für jeden einzelnen und es kann dazu kommen, dass kein Übergang mehr die geforderte Wahrscheinlichkeit hat um ausgewählt zu werden. In Abbildung 5.1 ist dieses Problem veranschaulicht, da rechts oben kein weiterer Übergang mehr verfolgt wird.

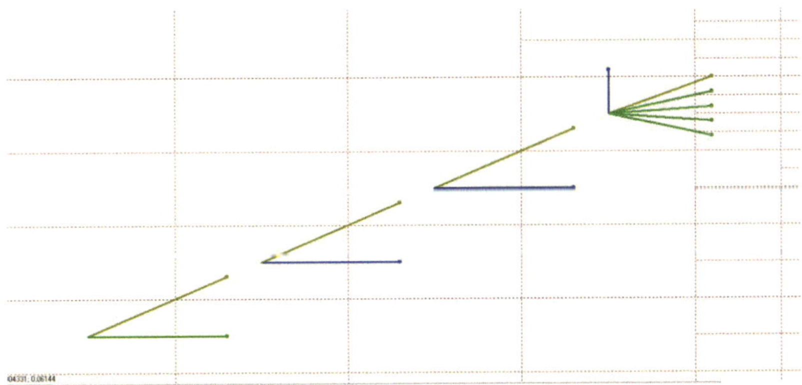

Abbildung 5.1: Kein Nachfolger wird ausgewählt

5.2 Angabe einer Mindestwahrscheinlichkeit

Idee

Es werden solange die wahrscheinlichsten Übergänge aus der Menge der möglichen Übergänge ausgewählt, bis die kumulierten Wahrscheinlichkeiten eine vorgegebene Mindestwahrscheinlichkeit erreichen. Somit wird immer mindestens ein Übergang ausgewählt.

Problem

Die Wahrscheinlichkeit für einen Übergang ergibt sich aus der Anzahl der im Nachfolgezustand endenden Vektoren. Diese Zahl ist jedoch nicht nur von dem Verhalten des Systems, sondern auch von der Aufteilung des Zustandsraums abhängig. Wenn in eine Richtung A mehr Zustände angrenzen als in Richtung B, kann es vorkommen, dass immer Richtung B eingeschlagen wird, obwohl die Testvektoren einen Übergang in Richtung A vermuten lassen. Abbildung 5.2 verdeutlicht dieses Verhalten.

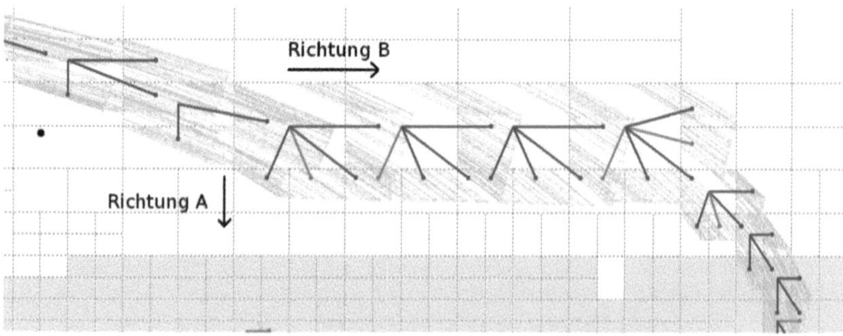

Abbildung 5.2: Falsche Richtung wird gewählt

5.3 Auswahl einer Nachfolgedimension

Erste Idee

Zuerst werden für jede mögliche „Himmels"-Richtung die Wahrscheinlichkeiten der Übergänge aufsummiert, die in diese Richtung zeigen. Daraufhin wird diejenige Richtung gewählt, die am wahrscheinlichsten ist. Erst dann wird unter den übrig bleibenden Übergängen der wahrscheinlichste gewählt.

In Abbildung 5.3 gehen Übergänge mit der summierten Wahrscheinlichkeit 4 nach links und der summierten Wahrscheinlichkeit 7 nach oben.[1] In die anderen Richtungen gibt es keine Übergänge. Also wird als erste Richtung „oben" gewählt. Von den Übergängen welche nach oben zeigen wird nun derjenige mit der höchsten Wahrscheinlichkeit (hier die Wahrscheinlichkeit 2) ausgewählt. Dieser wird aus der Menge der zu betrachtenden Übergänge gestrichen und die Richtungen werden neu verglichen bis die Mindestwahrscheinlichkeit erreicht worden ist.

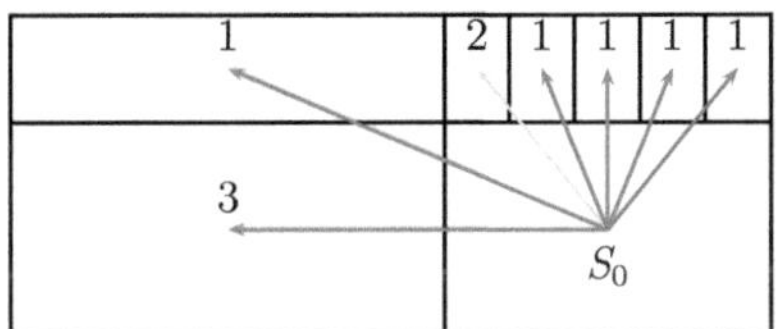

Abbildung 5.3: Vergleich der Richtungen

Zweite Idee

Obwohl der erste Ansatz schon zu besseren Ergebnissen geführt hat, konnte der Ansatz weiter verbessert werden. Bei Betrachtung von Abbildung 5.3 kann man erkennen, dass die Zustände oben nur deshalb so wenig wahrscheinlich sind, da ihre Grenzflächen zu S_0 so klein sind, dass nur wenige Vektoren in den Zuständen enden können.

[1]Die diagonalen Übergänge werden in beide Richtungen gezählt.

Anstatt also den wahrscheinlichsten Übergängen zu folgen wurde implementiert, dass die Auswahl des Übergangs auf einem Entscheidungsverhältnis basiert:

$$\text{Entscheidungsverhältnis} = \frac{\text{Wahrscheinlichkeit für den Übergang}}{\text{Bewertungsgrundlage}}$$

Als Bewertungsgrundlage wurde zuerst die Grenzfläche der Zustände zueinander getestet. Dies stellte sich nicht als gute Bewertungsgrundlage heraus, da z.B. die diagonal gelegenen Zustände keine Grenzfläche mit den Startzuständen besitzen. Ein solcher Zielzustand grenzt nur dann an einen Startzustand S_0 wenn man S_0 in der entsprechenden Dimension gedanklich verlängert. In Abbildung 5.4 ist diese gedankliche Verlängerung gestrichelt eingezeichnet. Somit wurde die Grenzfläche zu dieser Verlängerung als Bewertungsgrundlage gewählt.

Wenn jedoch ein Zielzustand eine größere Ausdehnung als der Startzustand hat, wurde nur die Ausdehnung des Startzustands zur Bewertung herangezogen. Es zeigte sich, dass eine Ausdehnung des Zielzustands über diesen Wert hinaus die Wahrscheinlichkeit Ziel eines Vektors zu werden nicht mehr stark erhöhte. Eine Bewertung mit einem größeren Wert als der Ausdehnung des Startzustands würde den Zielzustand nicht gerechtfertigt bestrafen. In Abbildung 5.4 wurden symbolisch zwei Bewertungsgrundlagen grün markiert.

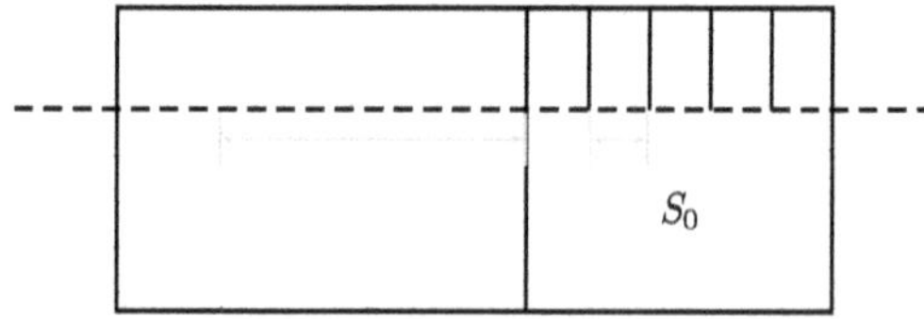

Abbildung 5.4: Verschiedene Bewertungsgrundlagen

5.4 Ergebnis der Verbesserungen

Das Ergebnis der erreichten Verbesserungen lässt sich am besten mit der Anzahl an Zuständen messen, welche in dem Zustandsautomaten erzeugt werden. Wenn

man diese Zahl mit der von dem Programm erzeugten Anzahl ins Verhältnis setzt, erhält man eine prozentuale Verbesserung.

Es wurden hierfür zwei Beispiele ausgewählt:

1. Ein gedämpfter Schwingkreis mit konstanter Eingangsspannung
2. Ein ungedämpfter Schwingkreis ohne Eingangsspannung.

Erstes Beispiel

Das erste Beispiel ist ein gedämpfter Schwingkreis aus einer Spule, einem Widerstand und einem Kondensator (siehe Abbildung 5.5). In Abbildung 5.6 kann man erkennen, dass an einigen Stellen der Übergang mit der am höchsten bewerteten Wahrscheinlichkeit nicht ausreicht um die Mindestwahrscheinlichkeit zu erreichen. An diesen Stellen gibt es daher eine Aufgabelung der gewählten Nachfolger.

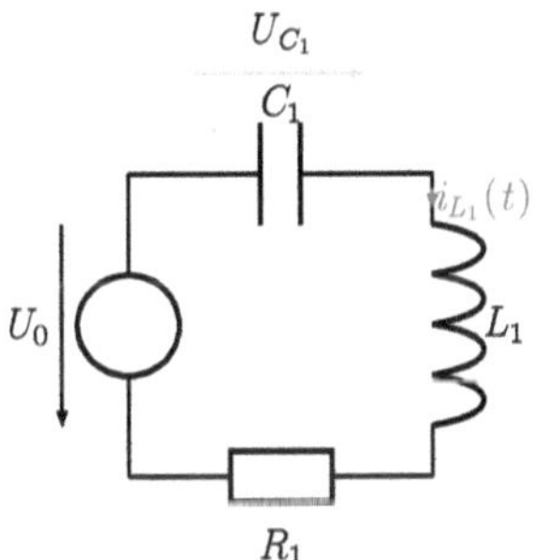

Abbildung 5.5: Schaltung des gedämpften Schwingkreises

Das Programm erzeugte insgesamt 4700 Zustände, von denen jedoch lediglich 122 für den Zustandsautomat verwendet werden. Dies ergibt eine Verringerung der Zustandszahl um über 97 Prozent.

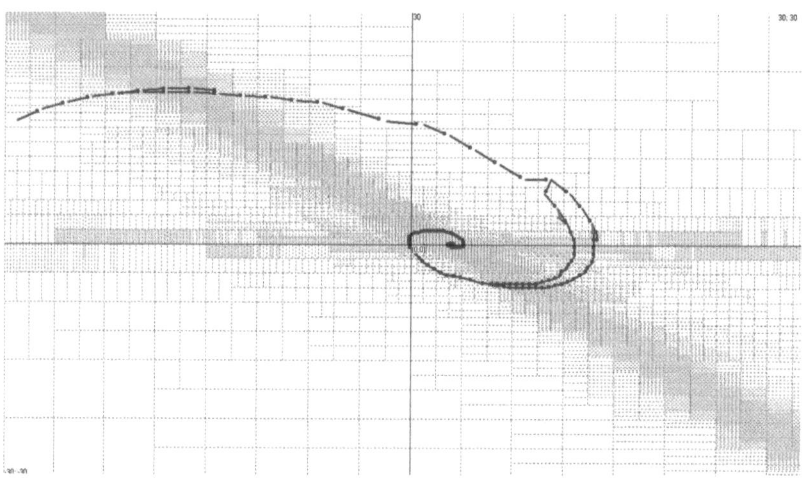

Abbildung 5.6: Ausgabe für den gedämpften Schwingkreis

Zweites Beispiel

Das zweite Beispiel ist ein ungedämpfter Schwingkreis aus einem Kondensator und einer Spule (siehe Abbildung 5.7). Hierbei wurden für den Zustandsautomaten lediglich 106 von 6805 Zuständen erzeugt (siehe Abbildung 5.8). Dies entspricht einer Verbesserung von über 98 Prozent.

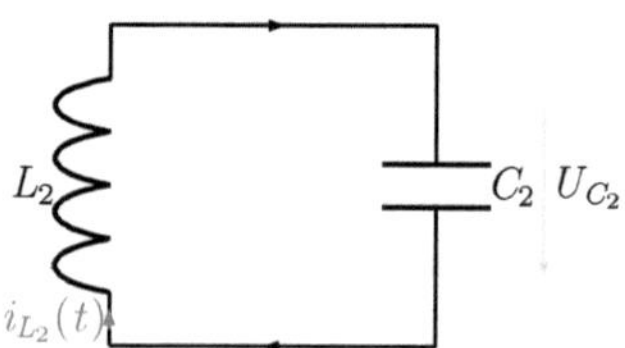

Abbildung 5.7: Schaltung des ungedämpften Schwingkreises

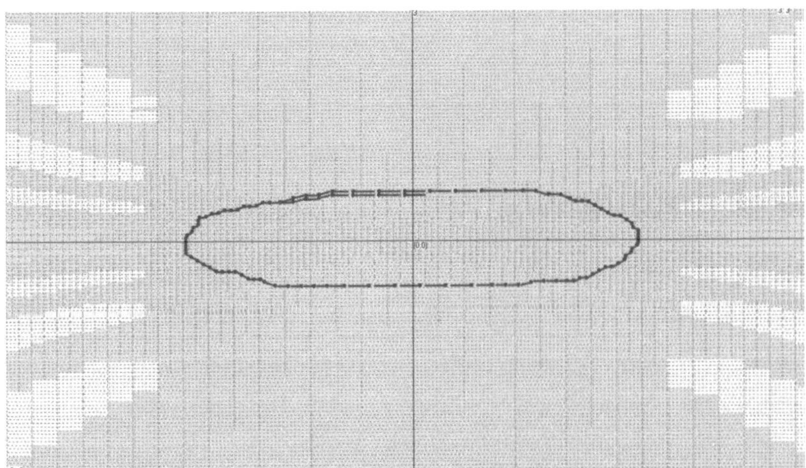

Abbildung 5.8: Ausgabe für den ungedämpften Schwingkreis

5.5 Weiterhin bestehende Probleme

Durch diese Maßnahmen wird nur die Zahl der für den Zustandsautomaten erzeugten Zustände verringert. Das C++-Programm muss jedoch weiterhin alle Zustände berechnen. Dadurch stieß das Programm gelegentlich an seine Grenzen, da neu erzeugte Zustände eine Vielzahl an zu speichernden Daten bedeuten.[2] Bei einer zu großen Anzahl an Zuständen reicht der Speicher nicht aus und das Programm bricht ab.

[2]z.B. die Grenzen des Zustands, die Start- und Zielpunkte der entsprechenden Vektoren, die Übergänge und deren Wahrscheinlichkeiten.

6 Eingangssignale

Bisher wurde das Programm verwendet um mit konstanten Eingangssignalen zu arbeiten. Ein weiterer Schritt sollte sein, das Programm ebenfalls mit analogen wie auch digitalen Eingangssignalen arbeiten zu lassen. Für dieses Vorhaben mussten jedoch mehrere Anpassungen vorgenommen werden.

6.1 Schaltungen mit (periodischen) Eingangssignalen

Das Programm war von vorn herein darauf ausgelegt auch Schaltungen mit mehr als zwei Energiespeichern zu berechnen, indem dem Zustandsraum weitere Dimensionen hinzugefügt wurden. Eine weitere Idee war es durch das Hinzufügen einer weiteren Dimension auch direkt Eingangsspannungen oder Eingangsströme einfließen zu lassen (siehe Abbildung 2.1).

Auf diese Art ist es jedoch nicht so einfach möglich nicht-konstante Eingangswerte einzubeziehen. Der Grund hierfür ist, dass die Eingangsspannung/-strom weder von den Energiespeichern noch von sich selbst eindeutig abhängig ist. Man kann beispielsweise bei einer sinusförmigen Eingangsspannung nicht sagen, ob nach dem Wert „0 Volt“ eine positive oder negative Spannung folgen würde. Der Zustand

$$\begin{aligned} -1V &\leq R_C &\leq 1V \\ -1A &\leq I_L &\leq 1A \\ -1V &\leq U_0 &\leq 1V \end{aligned}$$

hätte demnach für den weiteren Verlauf des Systems keine Aussagekraft.

Da jedoch die Eingangswerte eine Funktion in Abhängigkeit von der Zeit sind, wurde nicht der Eingangswert selbst sondern die Zeit als zusätzliche Dimension eingeführt. Hierfür musste lediglich das Fortschreiten der Zeit (das jeweilige *dt* des Startzustands) für jeden Vektor in der zusätzlichen Dimension abgetragen werden.

Da die graphische Darstellung des Programms für mehr als zwei Dimensionen unübersichtlich ist, wurde zu Testzwecken der Implementierung erstmal die zweidimensionale Darstellung beibehalten. Abbildung 6.1 zeigt den Zeitverlauf der Aufladung des Kondensators C_1 aus Abbildung 4.6.

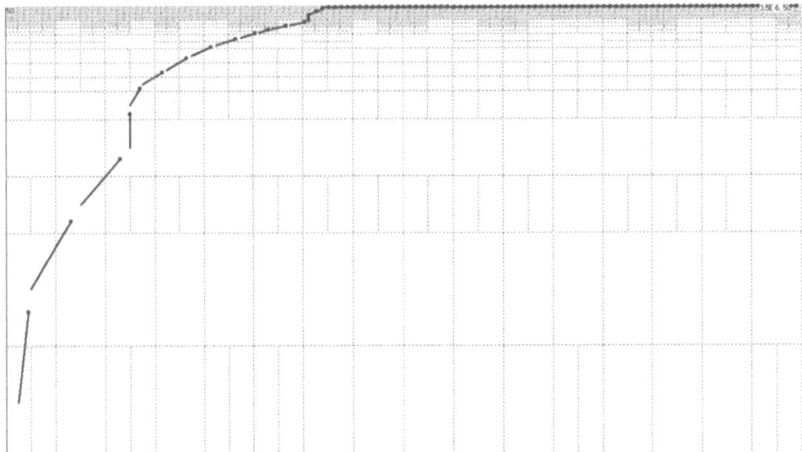

Abbildung 6.1: Aufladung eines Kondensators

Die Einbeziehung der Zeit als dritte Dimension führt zur Erzeugung von sehr vielen Zuständen, da die Zeit im Gegensatz zu den Werten der Energiespeicher nicht begrenzt ist. Wie bereits zuvor erwähnt, führt die Erzeugung von vielen Zuständen zu mehreren Problemen. Da viele Eingangssignale jedoch periodisch sind kann man sich überlegen, wie man sich diese Periodizität zu Nutze machen kann, um die Zahl der erzeugten Zustände zu verringern.

Bei einer sinusförmigen Eingangsspannung wird z.B. durch den Zustand

$$\begin{aligned} -1V &\leq R_C &\leq 1V \\ -1A &\leq I_L &\leq 1A \\ 0 &\leq \omega t &\leq 1 \end{aligned}$$

der weitere Verlauf des Systems genau festgelegt. Demnach ist es möglich den Zustandsraum um eine Dimension zu erweitern, sie auf die Werte zwischen 0 und 2π zu begrenzen und trotzdem einen unendlichen Zeitverlauf darzustellen.

Bei der Berechnung der Vektoren mussten hierfür folgende Punkte beachtet werden:

- Ein Vektor, der in der Zeitdimension über den Wert 2π zeigt ($\omega t > 2\pi$), muss in den entsprechenden Zustand mit dem Wert $\omega t = \omega t - 2\pi$ umgeleitet werden.
- Durch diese Umleitung überspringt der Übergang einige Zustände. Der Test auf übersprungene Zustände muss also für diese Eventualität angepasst werden.

Der erste Punkt wird durch die Verwendung des Befehls `fmod((x),(y))` verwirklicht. Dieser Befehl gibt den Rest aus der Division $\frac{x}{y}$ zurück.

Für den zweiten Punkt muss man den Test auf übersprungene Zustände abwandeln. Er soll in diesen Fällen nicht prüfen, ob der Start und der Zielzustand in der entsprechenden Dimension aneinander grenzen, sondern ob beide Zustände in dieser Dimension an den gegenüberliegenden Grenzen des Zustandsraums liegen.

Um das Programm in Hinblick auf periodische Eingangssignale zu testen, wurde mit folgender Rechnung die Darstellung einer Sinuskurve simuliert (siehe Abbildung 6.2)

```
wt = Zustand[s].Zeiger[tp].start[1];
sinus  = Zustand[s].Zeiger[tp].start[0]-sin(wt);
Zustand[s].Zeiger[tp].ziel[1]  = fmod((wt+w*dt),(2*PI));
Zustand[s].Zeiger[tp].ziel[0]  = sin(wt+w*dt)+sinus;
```

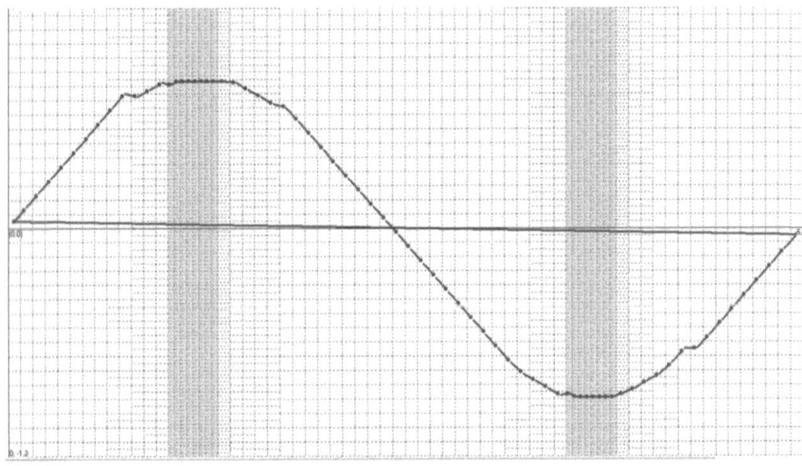

Abbildung 6.2: Test mit einer Sinus-Spannung

Mit den durchgeführten Änderungen ist es nun möglich auch Schaltungen mit Eingangssignalen zu betrachten. Besonders für periodische Eingangssignale wurde eine Darstellung gefunden, welche die Erzeugung unnötiger Zustände verhindert und mit der trotzdem ein beliebiger Zeitbereich abgedeckt werden kann.

6.2 Erweiterung auf analoge Schaltungen mit digitalen Eingangssignalen

In der Realität kommt es häufig vor, dass ein analoger Schaltkreis mit digitalen Signalen angesteuert werden soll. Anders als im vollständig analogen Bereich ist ein periodisches Eingangssignal hierbei nicht von Interesse. Bei einer digitalen Eingangsspannung mit U_{low} und U_{high} geht es hauptsächlich um die Übergänge

- U_{low} auf U_{low},
- U_{low} auf U_{high},
- U_{high} auf U_{low} und
- U_{high} auf U_{high}.

Da U_{high} auf U_{high} und U_{low} auf U_{low} nichts anderes ist als die Betrachtung bei konstanten Eingangssignalen, muss man nur noch die anderen Übergänge in das Programm einbeziehen. Hierfür muss man sich überlegen,

- wie man den Zustandsraum grob einzuteilen hat,
- wie die Testvektoren berechnet werden müssen und
- wie man die verschiedenen Zustandsaufteilungen an die Situation anpasst.

6.2.1 Der Zustandsraum

Dieses Problem kann man lösen, indem man den kompletten Zustandsraum in einer Dimension einmal teilt und in den entstandenen Hälften das Verhalten für konstante Eingangssignale betrachtet. Abbildung 6.3 zeigt, wie der dreidimensionale Zustandsraum in der dritten Dimension geteilt wurde. Die obere Hälfte ist für die Berechnung für den Eingangswert $U = U_{\text{high}}$ und die untere für den Eingangswert $U = U_{\text{low}}$ vorgesehen.

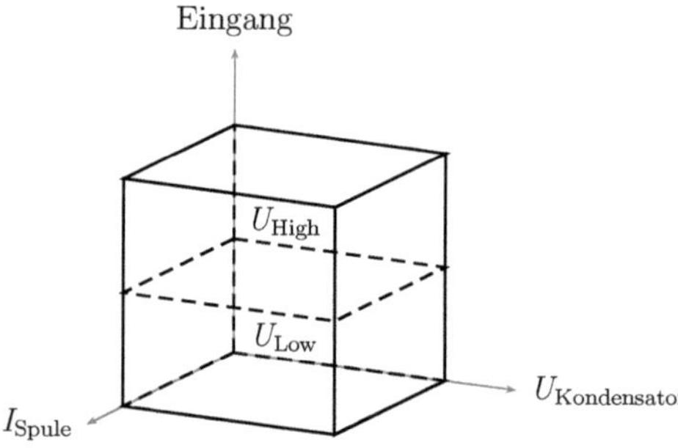

Abbildung 6.3: Zustandsraum für eine Schaltung mit digitaler Eingangsspannung

Um dies zu erreichen muss man anstatt der Initialaufteilung nur eine einzige Teilung in der dritten Dimension vornehmen. Weiterhin muss darauf geachtet werden, dass das Programm in dieser Dimension danach keine weitere Teilung mehr vornimmt.

6.2.2 Vektoren berechnen

Es macht keinen Sinn, die Testpunkte auf der Hülle der Zustände zu verteilen, da in allen Zuständen ein Wert sicher ist: In den oberen Zuständen gilt $U = U_{\text{High}}$ und in den unteren $U = U_{\text{Low}}$. Die Zustände wurden also so gewählt, dass in der dritten Dimension die Mittelpunktsebene dem entsprechenden Eingangswert entspricht. Nun kann man die Startpunkte anstatt auf die Hülle auf die Mittelpunktsebene projizieren.

Anders als für die Berechnung mit konstanten Eingangswerten sollten auch die Übergänge zwischen den Ebenen berechnet werden. Um dies zu bewerkstelligen werden die Testpunkte in zwei Gruppen eingeteilt. Die erste Gruppe besteht aus der ersten Hälfte der Testvektoren und ist für die Berechnung mit gleichem Eingangswert zuständig. Die zweite Gruppe berechnet dementsprechend einen Wechsel des Eingangswertes. Durch diese Methode kann man im kompletten Programmverlauf leicht feststellen ob ein Vektor zu einem Eingangswertwechsel gehört. Man muss hierfür nur vergleichen, ob die ID eines Vektors größer ist als die Hälfte der Gesamtzahl der Vektoren. Auf diese Weise konnte bei der Berechnung der Übergänge eine weitere Variable eingeführt werden, die einen Übergang als „Wechsler“ oder „Gleichbleiber“ markiert.

Der so entstandene Zustandsautomat besteht also aus zwei Teilen. Der erste Teil gibt das Verhalten für einen gleich bleibenden Eingangswert wieder und der zweite für den Wechsel des Eingangswertes. Mit diesen Teilen kann jeglicher Verlauf der Eingangsspannung betrachtet werden. Hierfür ist es wichtig, dass die Zeit, die ein Übergang benötigt, durch das Programm berechnet wird. Für diese Berechnung müssen die Vektoren auf ihre Startebene projiziert werden, da für den Wechsel der Ebene keine Zeit verbraucht wird.

Abbildung 6.4 zeigt einen möglichen Verlauf des Eingangswertes. Unter der Zeitachse steht welcher Teil des Zustandsautomaten zu der jeweiligen Zeit zu verwenden ist. Zur Vereinfachung des Beispiels nehmen wir an, dass jeder Übergang im Zustandsautomat $0,5$ Sekunden dauert. An den Flanken der Eingangsspannung wird der zweite Automat für einen Übergang verwendet, ansonsten der erste.

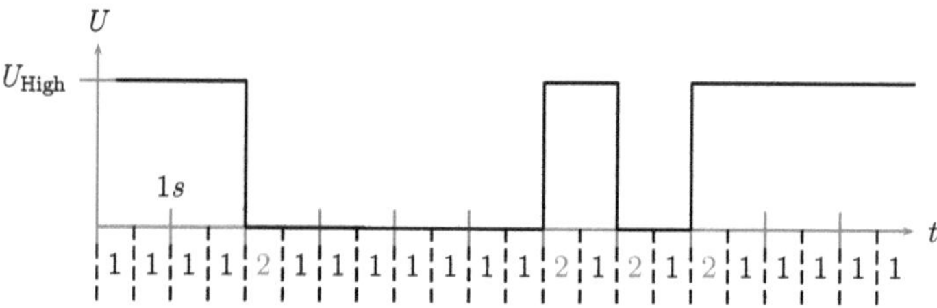

Abbildung 6.4: Verwendung der Zustandsautomaten

6.2.3 Zustände einteilen

Bei der Zustandsaufteilung wurden einige Probleme festgestellt. Wenn man alle Testpunkte eines Zustands betrachtet, werden immer einige Testpunkte nicht in die eigene Ebene zeigen. Diese haben immer andere Winkel und Längen als die, die in der eigenen Ebene bleiben. Es ist daher mit der alten Methode nicht möglich homogene Zustände zu erstellen.

Um homogene Zustände zu erreichen kann man aber nicht einfach nur die Vektoren betrachten, welche in der gleichen Ebene enden von der aus sie gestartet sind. Dies würde dazu führen, dass ein Zustand für einen gleich bleibenden Eingangswert homogen ist, jedoch wahrscheinlich nicht für einen Wechsel des Eingangswertes. Deshalb durchläuft das Programm den Vektorlängenvergleich und den Vektorrichtungsvergleich erst für die erste Hälfte der Testpunkte (gleiche Ebene) und daraufhin nochmal für die zweite Hälfte (Wechsel der Ebene). Somit wird erreicht, dass komplett homogene Zustände erzeugt werden.

Den Zustandsabmessungsvergleich kann man nicht auf dieselbe Weise modifizieren. Da die Winkel und Längen der ersten Hälfte der Testpunkte häufig stark von den Winkeln der zweiten Hälfte der Testpunkte abweichen, kann keine Zustandsabmessung gefunden werden, die mit den Winkeln aller Vektoren harmoniert. Deshalb wurden die beiden Zustandsabmessungsvergleiche nur mit der ersten Hälfte der Testvektoren vorgenommen.

6.2.4 Ergebnis

Die Ausgabe des Programms für den Schaltkreis aus Abbildung 5.5 sieht man in Bild 6.5. Die Zustandsaufteilungen der einzelnen Ebenen zeigen Abbildung 6.6 und 6.7.

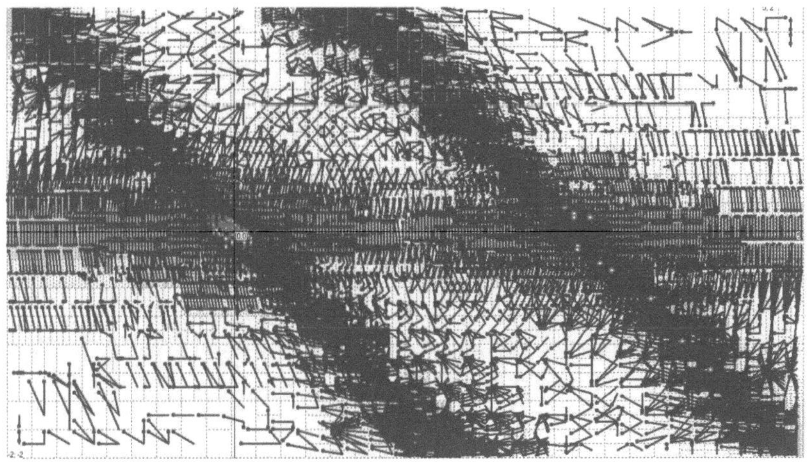

Abbildung 6.5: Gedämpfter Schwingkreis mit digitalem Eingangssignal

Damit ist gezeigt, wie die Verifikation von analogen Schaltungen auch mit digitalen Eingangssignalen möglich ist.

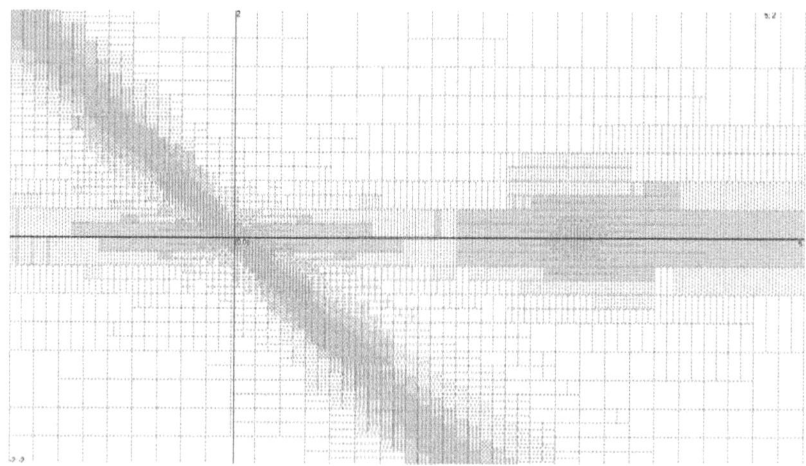

Abbildung 6.6: Zustandsaufteilung für $U = U_{\text{low}}$

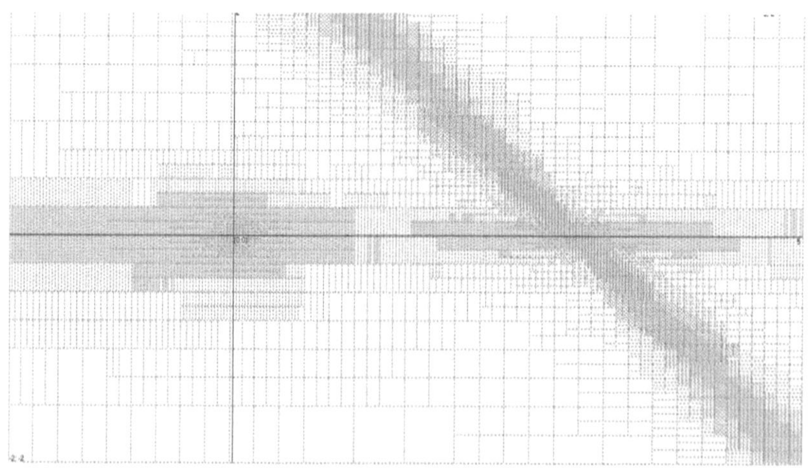

Abbildung 6.7: Zustandsaufteilung für $U = U_{\text{high}}$

Literaturverzeichnis

[1] EHRENFRIED, A.: Beschleunigungstechniken bei der Verifikation von Analogschaltungen mit Bounded Model Checking. In: *ANALOG'06*, 2006, S. 197 – 202

[2] HARTONG, W. ; HEDRICH, L. ; BARKE, E.: An Approach to Mode Checking for Nonlinear Analog Systems. In: *Design, Automation and Test in Europe (DATE)*, 2002, S. 1080

[3] HARTONG, W. ; HEDRICH, L. ; BARKE, E.: On Discrete Modeling and Model Checking for Nonlinear Analog Systems. In: *CAV '02, Proceedings of the 14th International Conference on Computer Aided Verification*. London, UK : Springer-Verlag, 2002. – ISBN 3-540-43997-8, S. 401 – 413

[4] MYERS, C. J. ; HARRISON, R. R. ; WALTER, D. W. ; SEEGMILLER, N. ; LITTLE, S.: The Case for Analog Circuit Verification. In: *Electronic Notes in Theoretical Computer Science (ENTCS)* 153 (2006), Juni, Nr. 3, S. 53 – 56

[5] SCHOLZ, D.: *Ansätze zur semi-symbolischen Verifikation analoger Schaltungen unter Verwendung affiner Arithmetik*, TU-Darmstadt, Diplomarbeit, 2005